付肇嘉/编著

诗情画意二十四节气

CFP
中国电影出版社
2018·北京

图书在版编目（CIP）数据

诗情画意二十四节气. 冬 / 付肇嘉编著. --北京：
中国电影出版社，2017.12

ISBN 978-7-106-04864-8

Ⅰ. ①诗… Ⅱ. ①付… Ⅲ. ①二十四节气-少儿读物
Ⅳ. ①P462-49

中国版本图书馆CIP数据核字(2018)第005794号

策　　划：刘爱国
责任编辑：贾　茜　刘爱国
封面设计：刘爱国
版式设计：杨亚菲
责任校对：牛林敬
责任印制：庞敬峰

诗情画意二十四节气  付肇嘉/编著

出版发行　中国电影出版社（北京北三环东路 22 号）邮编100013
电话：64296664（总编室）　64216278（发行部）
64296742（读者服务部）E-mail：cfpygb@126.com

经　　销　新华书店
印　　刷　三河市双升印务有限公司
版　　次　2018年3月第1版　2018年3月第1次印刷
规　　格　开本 / 889×1194毫米　1 / 16
印张 / 14.5　字数 / 190千字
印　　数　1-10000 册

书　　号　ISBN 978-7-106-04864-8/P·0001
定　　价　128.00元（共4册）

秋姑姑走后，冬爷爷来了。仿佛一夜之间，他老人家将一切都上了锁。小河也结了冰，漫天雪花从天而降，寒风抽打着门窗，人们都躲在屋里不肯出来。雪停了，万物盖上了一层厚厚的棉被，小伙伴们将自己捂得严严实实的，到外面堆雪人、打雪仗，玩得可开心了！

立冬
天水清相入，秋冬气始交。
小雪
晚来天欲雪，能饮一杯无？
大雪
柴门闻犬吠，风雪夜归人。
冬至
晚来风稍紧，冬至日行迟。
小寒
来日绮窗前，寒梅著花未。
大寒
寒随一夜去，春逐五更来。

立冬

今日立冬，妈妈做了许多好吃的，还有香喷喷的水饺呢！妈妈说，冬天来了，今年丰收，爸爸辛苦了一年，要好好庆祝一下！也是时候补补身体了。我们小孩子也是一样，要适时补充营养，强身健体，准备过冬。

每年公历的11月7－8日，太阳到达黄经225度，为立冬。立冬是二十四节气中的第十九个节气，也是进入冬季的第一个节气。立冬后，我国大部分地区降水显著减少，降水的形式开始向多样化转变，如雨、雪、雨夹雪、冰雹等。

寒兰开

立冬时节，大自然中百花凋零，一片冷冷清清，唯有寒兰绽蕊吐芳，碧叶盈盈，格外惹人怜爱。

寒衣节

我国民间三大悼亡节日：清明节、中元节、寒衣节，也被称为一年中的三大“鬼节”。我国农历的十月初一为寒衣节，此时已进入立冬，天气逐渐寒冷。在这一天，妈妈们要将棉衣拿出来给家人象征性地试穿一下，图个吉利，或将冬衣捎给远方的亲人，以示牵挂和关怀。

立冬三候

一候：水始冰

二候：地始冻

三候：雉入大水为蜃

水始冰

立冬前后，我国北方降温较快，天气寒冷，水面上开始有薄冰出现，而南方则正是农民秋收冬种的好时节。

地始冻

时至立冬，大地随着气温的下降开始封冻，土壤中的水分凝冻，连带土壤也变硬了。

雉（zhì）入大水为蜃（shèn）

雉指野鸡，蜃指大蛤（gé）。立冬后，野鸡一类的大鸟不见了，人们转而在海边惊奇地发现了颜色、线条和野鸡很相像的大蛤，因此，古人还以为大蛤是由野鸡变化而来的呢！

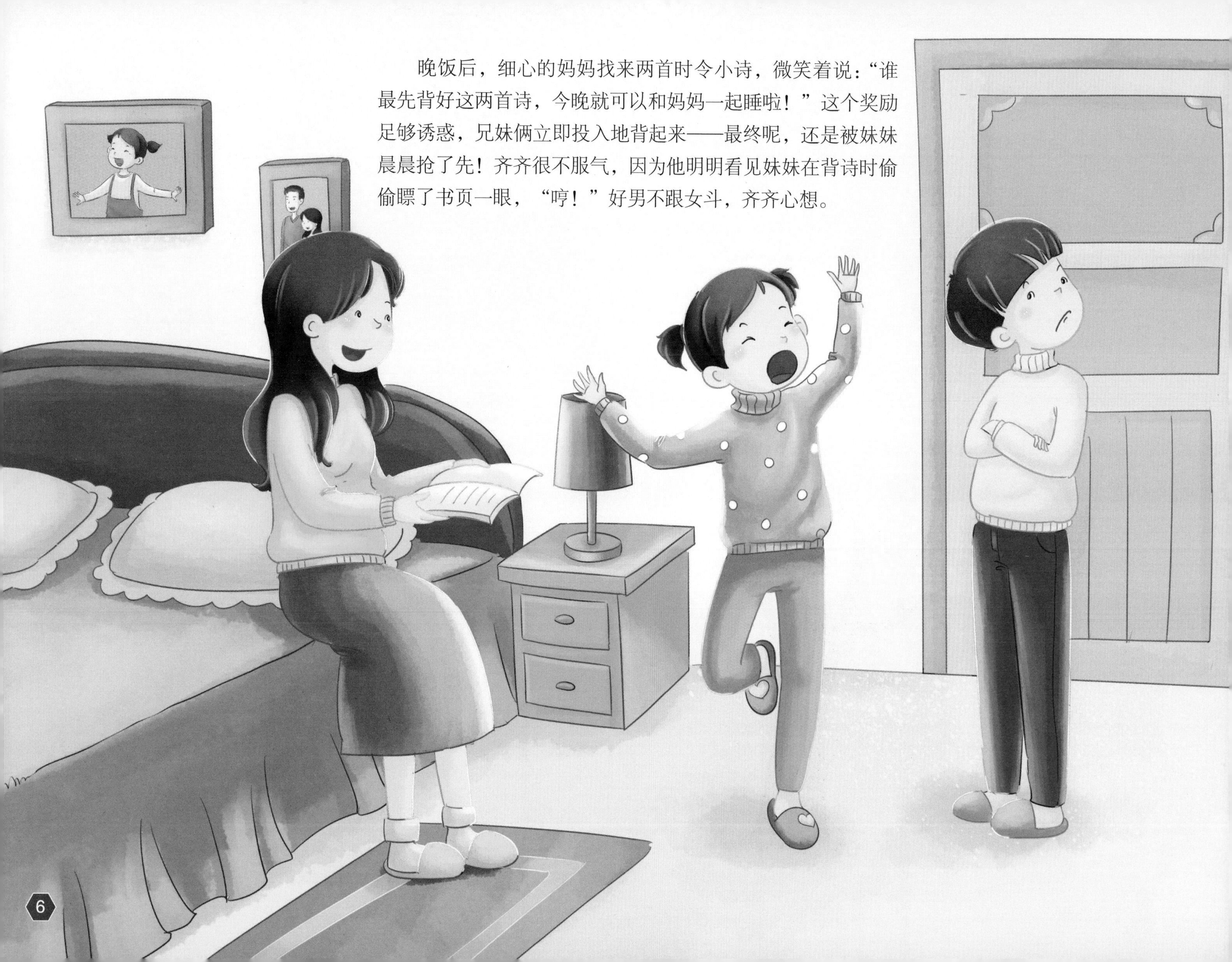

晚饭后，细心的妈妈找来两首时令小诗，微笑着说：“谁最先背好这两首诗，今晚就可以和妈妈一起睡啦！”这个奖励足够诱惑，兄妹俩立即投入地背起来——最终呢，还是被妹妹晨晨抢了先！齐齐很不服气，因为他明明看见妹妹在背诗时偷偷瞟了书页一眼，“哼！”好男不跟女斗，齐齐心想。

立冬

李白（唐）

冻笔新诗懒写，寒炉美酒时温。
醉看墨花月白，恍疑雪满前村。

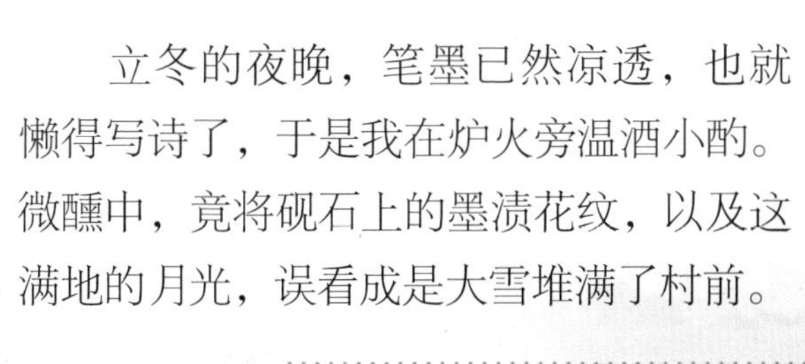

诗意

立冬的夜晚，笔墨已然凉透，也就懒得写诗了，于是我在炉火旁温酒小酌。微醺中，竟将砚石上的墨渍花纹，以及这满地的月光，误看成是大雪堆满了村前。

冬景

苏轼（宋）

荷尽已无擎雨盖，菊残犹有傲霜枝。
一年好景君须记，最是橙黄橘绿时。

诗意

荷叶已经枯萎、败尽，再也不能像夏天遮雨的伞一样亭亭玉立了。菊花也已然凋敝，但那挺拔的菊枝，却依然在寒风中傲立。不要为逝去的时光叹息吧，要知道在这初冬橙黄橘绿之时，依然是值得珍惜的好时节。

立冬即事

仇远（宋）

细雨生寒未有霜，庭前木叶半青黄。
小春此去无多日，何处梅花一绽香。

诗意

立冬这天下雨了，虽然此时还没有冷到下霜，却也已感受到了一丝凉意。院子前的树叶也已由青转黄。感觉春天还没有过去多久似的，竟然又闻到了一缕梅花的清香。

点绛唇·丁未冬过吴松作

姜夔（宋）

燕雁无心，太湖西畔随云去。数峰清苦，商略黄昏雨。第四桥边，拟共天随住。今何许？凭阑怀古，残柳参差舞。

诗意

北方的鸿雁如此悠然自在，于太湖西畔追随白云而去。几座孤独的山峰于萧瑟愁苦中，仿佛在商量着黄昏是否下雨。我真想在第四桥边，跟陆龟蒙一起隐居，可他今在何处？独倚栏杆缅怀千古，唯有残柳随风起舞。

小雪

齐齐和晨晨在帮爸爸收白菜。一棵棵白菜像一朵朵碧绿的大花开在菜园中。爸爸说：“天气凉了，再不收白菜，就要受冻了。”兄妹俩一人抱住一棵大白菜使劲往上一提，白菜就从土里拔出来了。没多久，他们就收了满满一筐白菜。

每年公历11月22—23日，太阳到达黄经240度，为小雪。小雪表示降雪的起始时间和程度，是直接反映降水的节气。小雪时节，气温逐渐降到0℃以下，但雪量并不是很大，而且落地后很容易融化。

水仙花开

这个时节，水仙花开放了。它纯洁、高贵、美丽，在室内养上一盆，每日清晨醒来一眼望见，心情也随之明媚起来。

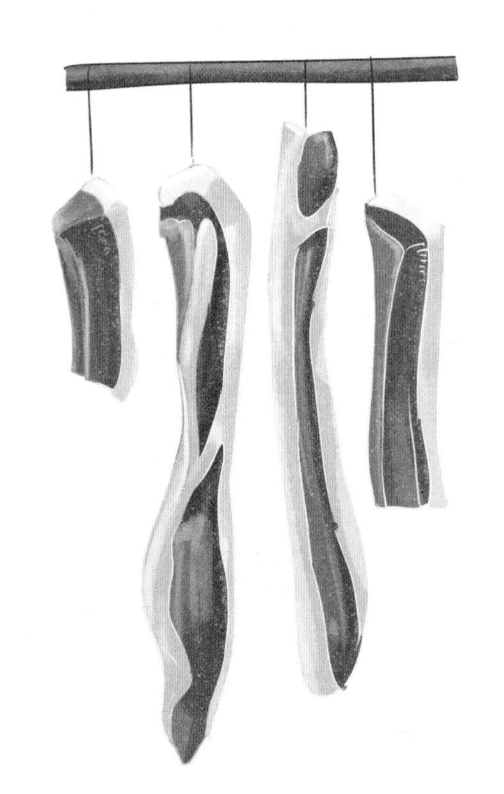

腌制腊肉

民间有“冬腊风腌，蓄以御冬”的习俗。小雪后气温骤降，天气干燥，正是加工腊肉的好时候，一些农家开始动手做香肠、腊肉，这样春节时就可以享受到美食了。

小雪三候

一候：虹藏不见

二候：天腾地降

三候：闭塞成冬

虹藏不见

古人认为天地间阴阳交泰始现彩虹。小雪时，阴气旺盛阳气隐伏，天地不交，所以彩虹也不见了。

天腾地降

小雪时，天空中阳气上升，大地中阴气下降，导致阴阳不交，天地不通，万物寂然。

闭塞成冬

小雪时节，天地闭塞，祖国大地开始进入寒冬。

傍晚时分，天空飘起了雪花，孩子们纷纷跑到门外观看。一片片雪花鹅毛般从天而降，落到屋顶上、树枝上、院子里……孩子们伸手去接，雪花飘入掌心，瞬间便融化了。“小小雪花很美丽，翩翩起舞落大地，它给窗户贴窗花，它给麦苗盖棉被……”望着漫天飞雪，孩子们兴奋地拍着手唱起了歌谣。

小雪

戴叔伦（唐）

花雪随风不厌看，更多还肯失林峦。
愁人正在书窗下，一片飞来一片寒。

诗意

鹅毛般的雪花随风飘落，怎么看也看不够，这雪继续落下去，用不了多久，山川树木都将隐没其中。我在窗下望着这雪平添忧愁，一片飞雪就增添一分寒意，隆冬将近了。

从军行

王昌龄（唐）

青海长云暗雪山，
孤城遥望玉门关。
黄沙百战穿金甲，
不破楼兰终不还。

诗意

青海湖面上乌云密布，连皑皑雪山也变得灰暗，放眼远望，空旷的大漠上，孤零零的玉门关城依稀可见。守边的战士们，在漫天黄沙中身经百战，身上的铠甲几乎都磨破了，他们不会忘记自己的誓言：不打败敌人，绝不回家！

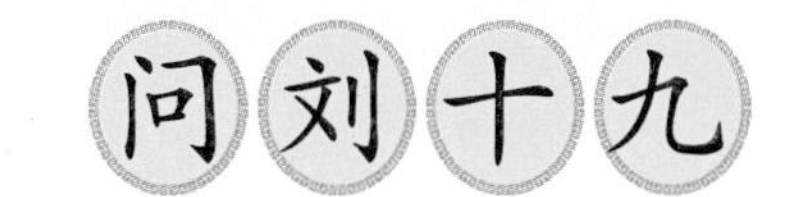

白居易（唐）

绿蚁新醅酒，红泥小火炉。

晚来天欲雪，能饮一杯无？

我家新酿的米酒还没有过滤，酒面上泛起一层绿泡，芳香扑鼻。用红泥烧制而成烫酒用的小火炉也已备好。晚来天色阴暗，看样子是要下雪了，不如留下来陪我喝一杯吧？

别董大

高适（唐）

千里黄云白日曛，北风吹雁雪纷纷。
莫愁前路无知己，天下谁人不识君？

诗意

天空仿佛被千里黄云遮住，将明亮的白昼变成了黄昏，北风劲吹，大雁南飞，顿时漫天大雪纷纷。老朋友啊，不要忧愁你将要去的地方没有知己，天下人还有谁不知道你董庭兰啊！

大雪

清早起来，齐齐吱呀呀地推开门往外一瞧，哇！下了好大的雪啊！天地万物银装素裹，白茫茫一片。齐齐清理完自家院子里的雪，转而又用雪具在通往学校的道路上，推出了一条长长的人行道。“这样小伙伴们就不用蹚着雪上学了！”齐齐长舒一口气，满意地想。

大雪 Daxue

每年公历12月7—8日，太阳到达黄经255度，为大雪。大雪时节，降雪量加大，我国大部分地区气温都已降到了0℃以下，在我国北方冷暖空气交锋的地区，往往会降大雪，甚至暴雪；在我国南方部分地区，有时会出现冻雨天气。

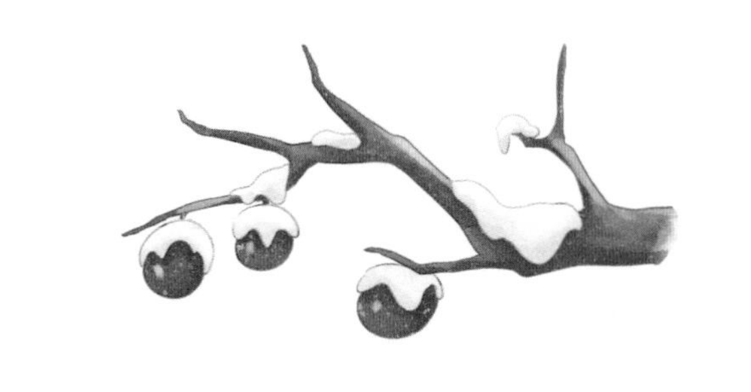

雪兆丰年

大雪对农作物很有好处。比如提升地面温度，冻死泥土中的害虫，待来年春天积雪融化，还能为农作物的生长提供充足的水分，有助于冬小麦返青。

屋顶扫雪

雪停后，人们会到房顶扫雪，以减轻雪在融化过程中对屋顶造成的损伤，以及对房顶的压力。

大雪三候

一候：鹖鴠不鸣

二候：虎始交

三候：荔挺出

鹖鴠不鸣

鹖鴠即寒号鸟。大雪时节，就连寒号鸟也因感受到天寒地冻、天地肃杀之气而停止了悲鸣。

虎始交

大雪时节，阴气盛极将衰，阳气开始萌动，“百兽之王”——老虎也感到了孤单，他们开始了求偶行为，准备孕育虎宝宝。

荔挺出

荔挺，草名。大雪时节，万物凋敝，只有荔挺还在生长，逐渐露出地表。

窗外，风雪交加。室内，炉火烧得正旺，映出兄妹俩红扑扑的小脸。妈妈正在炉火旁给兄妹俩讲故事。晨晨瞪着惊奇的眼睛，急切地追问：“后来呢，后来呢？”妈妈说：“后来呀，飞毯载着孩子们，飘啊飘，最后降落到了一个巨人的花园里。早上，巨人一觉醒来，到花园里散步……”“妈妈，那后来怎么样？”兄妹俩忍不住又问。

窗外，雪下得更大了，不知什么时候天已经暗了下来。

江雪

柳宗元（唐）

千山鸟飞绝，万径人踪灭。

孤舟蓑笠翁，独钓寒江雪。

诗意

雪下得太大了，漫山遍野，飞鸟已消逝无踪，所有的小路均被积雪覆盖了，不见人影踪迹。看啊，就在这样的大雪天，居然有一位老翁，身披蓑衣，头戴斗笠，坐在江面唯一的一只小船上，正在这寒冷的天气里悠然地垂钓呢！

逢雪宿芙蓉山主人

刘长卿（唐）

日暮苍山远，天寒白屋贫。
柴门闻犬吠，风雪夜归人。

诗意

太阳快要落山的时候，远处的山峦也变得苍茫一片；天寒地冻，茅草小屋里住着一户贫寒人家。入夜时分，柴门处突然传来狗吠声，想必是主人顶着暴风雪归来了吧？

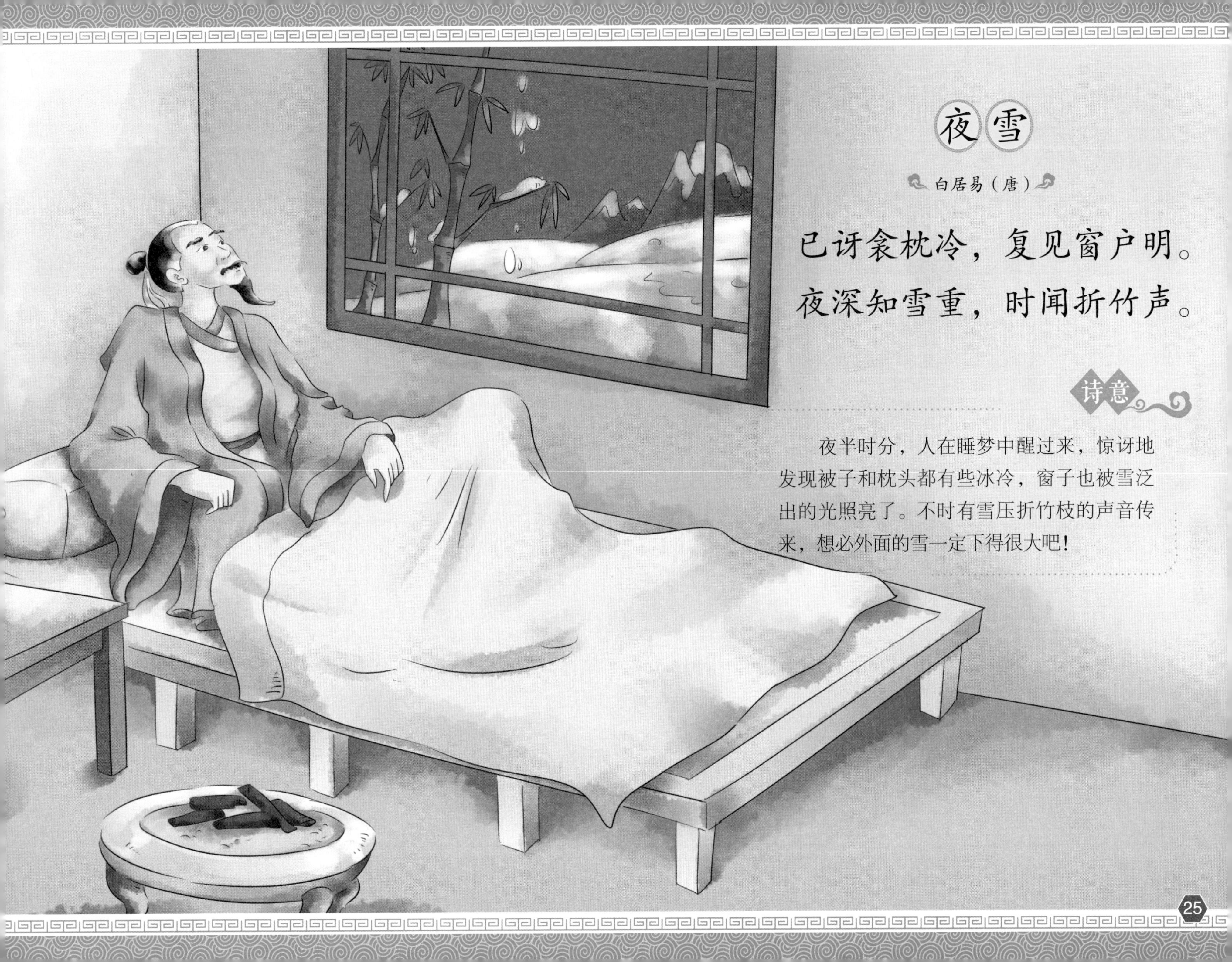

夜雪

白居易（唐）

已讶衾枕冷，复见窗户明。
夜深知雪重，时闻折竹声。

诗意

夜半时分，人在睡梦中醒过来，惊讶地发现被子和枕头都有些冰冷，窗子也被雪泛出的光照亮了。不时有雪压折竹枝的声音传来，想必外面的雪一定下得很大吧！

十一月四日风雨大作（其二）

陆游（宋）

僵卧孤村不自哀，
尚思为国戍轮台。
夜阑卧听风吹雨，
铁马冰河入梦来。

诗意

我直挺挺地躺在孤寂荒凉的乡村里，虽年事已高，也没有为自己的处境而感到悲哀，因为心中念念不忘的仍是为祖国守卫边疆。夜深了，躺在床上听着风雨声，迷迷糊糊地梦见，自己骑着披着铁甲的战马，正驰骋在北方边疆冰封的河流之上。

冬至

“吃饺子喽！”说话间，热气腾腾的饺子便已上了桌，夹一个，咬一口，真香啊！妈妈说，“冬至不端饺子碗，冻掉耳朵没人管”，“我吃了这么多，这样耳朵就不会冻掉了吧！”晨晨边吃边得意地想。

每年公历12月21—23日，太阳到达黄经270度，为冬至。冬至这一天是北半球全年中白昼最短、夜晚最长的一天。“吃了冬至面，一天长一线。”冬至后，白昼时间开始日渐增长，短期内气温仍会继续下降。

山茶花开

每年的9月底到下一年的5月初，不同品种的山茶花便陆续开放了。它没有在百花争艳的时期开放，只是保持着自己的节奏，散发着淡淡清香。

九九消寒歌

一九二九不出手，
三九四九冰上走，
五九六九沿河看柳，
七九河开，八九雁来，
九九加一九，耕牛遍地走。

数九

“数九”又称“冬九九”，是我国冬季一种民间节气。“数九”的习俗很多，以《九九消寒歌》最为广泛和悠久。

每年“冬至”起，就开始“数九”了。数九以每九天为一个单位，过了冬至后的九九八十一日，春天肯定已经到来。

冬至三候

一候：蚯蚓结

二候：麋角解

三候：水泉动

蚯蚓结

天寒地冻时节，蚯蚓仍交缠成结状，蜷缩着身子，在地下过冬。

麋（mí）角解

麋与鹿同科，却阴阳不同，古人认为鹿和麋为两种不同的动物。冬至时阴极阳生，麋感到阳气，头上的角便开始自动脱落。

水泉动

冬至时节，深藏于地底的地下水，以及山中的泉水并未结冰，仍在悄悄地流动着。

时间过得可真快，一转眼，大半年的时间过去了。妈妈想考查一下兄妹俩对于诗词的掌握情况。于是，由妈妈出上句，要求兄妹俩回答下句：

（1）夜来风雨声，__________。　　（2）不识庐山真面目，__________。

（3）空山不见人，__________。　　（4）等闲识得东风面，__________。

小朋友们，你们能帮兄妹俩猜一猜，每句诗的下句各是什么吗？

邯郸冬至夜思家

白居易（唐）

邯郸驿里逢冬至，抱膝灯前影伴身。
想得家中夜深坐，还应说着远行人。

冬至佳节，我恰好在邯郸的一个驿站里度过；晚上，我抱膝灯前，只有影子与我相伴。想着家中的亲人今天欢聚到深夜，一定也会念起我这个远行在外的人。

冬夜读书示子聿

陆游（宋）

古人学问无遗力，

少壮工夫老始成。

纸上得来终觉浅，

绝知此事要躬行。

古人做学问是不遗余力的，往往于年少时开始努力，也要到老年时才能有所收获。然而，书本上得来的知识还是浅显的、不完善的，要想学问精湛，只有亲自实践过才行啊！

墨梅

王冕（元）

吾家洗砚池头树，

朵朵花开淡墨痕。

不要人夸好颜色，

只留清气满乾坤。

诗意

在我家洗砚池旁边，有一棵梅树画作，朵朵初绽的梅花带着淡淡的墨痕。它不需要别人夸赞其颜色好看，只想将这清香之气，长久地留存在天地之间。

冬至日独游吉祥寺

苏轼（宋）

井底微阳回未回，
萧萧寒雨湿枯荄。
何人更似苏夫子，
不是花时肯独来。

诗意

冬至这天，我独自一人到吉祥寺游玩，还在井旁俯身观望，察看井中的阳气是否回升；此时，天空中下起潇潇寒雨，滋润着久枯的草根。有谁能像我苏夫子一样啊，在这花期未至时，还肯一个人到这里来游玩。

小寒

兄妹俩抬着小爬犁到山坡上滑雪。齐齐坐在爬犁前面一声“准备”！妹妹坐在身后赶忙抱紧哥哥，齐齐两脚用力蹬了两下爬犁，小小爬犁便在雪道上加速地往山下奔去，兄妹俩闭上眼睛，伴随着阵阵尖叫声，爬犁很快便冲到了山脚下。

立春·雨水·惊蛰·春分·清明·谷雨·立夏·小满·芒种·夏至·小暑·大暑·立秋·处暑·白露·秋分·寒露·霜降·立冬·小雪·大雪·冬至·小寒·大寒

小寒

Xiaohan

每年公历1月5—7日，太阳到达黄经285度，为小寒。小寒与冬季“数九”中的三九相交，因此，到了小寒，就意味着进入了一年中最冷的时候。小寒时节，天寒地冻，北方大部分地区农民已无事可做，开始歇冬。

蜡梅花开

蜡梅俗称腊梅。每年12月初开花，花开至下一年2月。瑞雪飞扬，天晴后，踏雪寻梅，将采回的蜡梅插入花瓶中，不久室内便清香弥漫，幽香彻骨，使人心旷神怡。

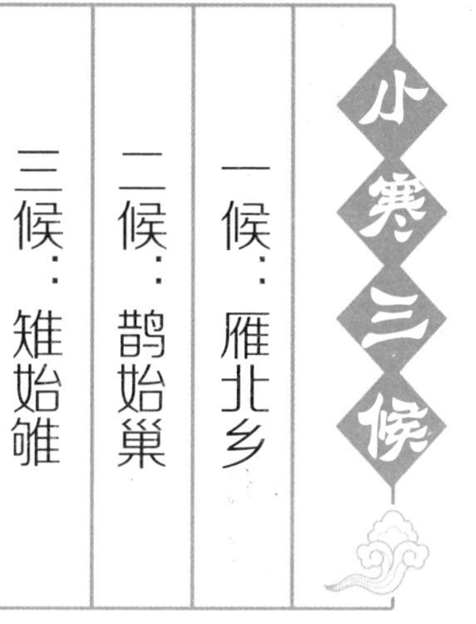

雁北乡

小寒时节，虽然仍是冰天雪地，但阳气已动，大雁们最先感知到这一变化，开始成群结队地往北飞回故乡。

鹊始巢

鹊即喜鹊。在北方光秃秃的树枝上，喜鹊们开始感阳气而衔草筑巢，准备孕育鹊宝宝了。

雉始雊（qú）

雊是鸣叫的意思。小寒时节，阳气开始萌发振作，雉鸡也感阳气的生长而开始引吭高歌，发出求偶的信号。

腊八节
晨晨刚迈进家门，就闻到阵阵米香。放下书包，到厨房门前探头一瞧——里面热气腾腾，原来妈妈正在煮腊八粥呢！妈妈在炉火前边加食材边搅拌，香气扑面而来！妈妈说每年的腊月初八吃腊八粥，是千家万户的习俗。

使至塞上

王维（唐）

单车欲问边，属国过居延。
征蓬出汉塞，归雁入胡天。
大漠孤烟直，长河落日圆。
萧关逢候骑，都护在燕然。

诗意

我乘坐一辆马车去慰问边疆战士，我大唐边疆辽阔，藩属国一直远到居延以外。我犹如千里飞蓬飘出了汉塞，又如北归的大雁来到了“胡天”。浩瀚沙漠中孤烟挺拔而起，无尽黄河上落日浑圆美丽。在萧关我恰好碰见负责侦查通讯的骑兵，他告诉我统帅在燕然前线指挥呢！

杂诗

王维（唐）

君自故乡来，应知故乡事。
来日绮窗前，寒梅著花未？

诗意

老乡，你从家乡来，应熟知家乡事，快说给我听听！你来的那天有没有注意到，我家花窗前的那株寒梅，开了没有？

于谦（明）

千锤万凿出深山，烈火焚烧若等闲。
粉身碎骨全不怕，要留清白在人间。

诗意

人们经过千万次的锤打和凿击，才将石灰石从深山中开采出来；此后，还要经过大火焚烧，才能将石灰石从石头变为粉末，成为石灰。这个过程虽然百经锤炼，可它却毫不惧怕，为什么呢？原来只为了要将青白的本色留在人间。

天净沙·冬

白朴（元）

一声画角谯门，半庭新月黄昏，
雪里山前水滨。竹篱茅舍，淡烟衰草孤村。

诗意

在一个冬日黄昏，城门一声轻响，一轮新月挂在天空，覆雪的山前水流潺潺。竹子做的篱笆和绕篱的茅舍，在淡烟衰草的孤村之中一片安谧与祥和。

大寒

“小寒大寒，杀猪过年。”妈妈带着齐齐和晨晨在赶年集。集市上可热闹了，烟花爆竹、水果蔬菜、鸡鸭鱼肉……真是目不暇接，应有尽有啊！小贩们热情地叫卖着，人们脸上都带着节日即将来临的喜悦。

每年公历1月19—21日，太阳运行到黄经300度，为大寒。时进大寒，已是二十四节气中的最后一个节气了。民谚有云：大寒到顶点，日后天渐暖。大寒过后就迎来了一年一度的春节，因此，这个时节充满了浓郁的年味。

梅花开

“梅花香自苦寒来。”梅花通常在冬春季节开放，与兰花、竹子、菊花一起列为国画四君子，也与松树、竹子一起被称为岁寒三友。梅花花姿优美，芳香扑鼻，它的绽放为枯燥了一冬的万物带来了春的气息。

春节童谣

小孩小孩你别馋，过了腊八就是年；腊八粥，喝几天，哩哩啦啦二十三；二十三，糖瓜粘；二十四，扫房子；二十五，磨豆腐；二十六，去买肉；二十七，宰只鸡；二十八，把面发；二十九，蒸馒头；三十晚上熬一宿；大年初一扭一扭。

大寒三候

一候：鸡始乳

二候：征鸟厉疾

三候：水泽腹坚

鸡始乳

鸡是家禽。大寒时节，母鸡提前感知春气，开始孵育小鸡了。

征鸟厉疾

征鸟是种凶猛的有攻击性的鸟类。这时节，征鸟为了补充身体消耗的能量，以抵御严寒，开始发挥极强的捕食能力，盘旋于天际，搜寻、追捕猎物。

水泽腹坚

寒风呼啸，江、河、湖等水域中的冰一直冻到了水中央，结成了又厚又硬的冰块。

灶王节

过小年喽！小年又称灶王节，是祭灶的日子。每年这一天，爸爸都会买些麦芽糖回来祭灶。晨晨踮起脚尖帮妈妈贴窗花，窗玻璃被妈妈擦得清亮亮的，年节的喜气一直澎湃到孩子们的心里面……

梅花

王安石（宋）

墙角数枝梅，凌寒独自开。
遥知不是雪，为有暗香来。

诗意

墙角处有几枝梅花斜伸着，冒着严寒独自开放了。即使离这么远，我也知道那不是雪而是梅，因为我早已闻到了梅花那淡淡的清香。

十二月十五夜

袁枚（清）

沉沉更鼓急，渐渐人声绝。

吹灯窗更明，月照一天雪。

诗意

沉闷的更鼓一阵紧一阵地从远处传来，忙碌了一天的人们相继进入梦乡，市井的吵闹声渐趋平静。吹灭油灯准备入睡，却发现灭灯后房间更亮了，原来夜空中明月高悬，雪花飞舞，月光与白雪交相映照在窗子上，使房间显得比吹灯前还要明亮。

祭灶诗

吕蒙正（宋）

一碗清汤诗一篇，灶君今日上青天。
玉皇若问人间事，乱世文章不值钱。

诗意

这一碗清汤、一首小诗，就送给灶君你作为回归天庭的礼物吧！玉皇大帝若问起人间的事，你就说尽管我是个状元，更是当朝宰相，平日里只能靠写点字赚些外快，可是很不幸，乱世中的文章也不值几文钱。

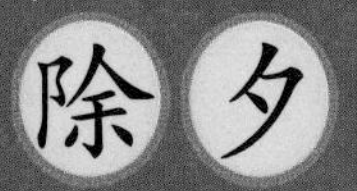

史青（唐）

今岁今宵尽，明年明日催。
寒随一夜去，春逐五更来。
气色空中改，容颜暗里回。
风光人不觉，已著后园梅。

诗意

今夜一过，旧年逝去，新的一年便随之而来。似乎寒冷的天气也随着午夜一同消逝，而春天正追逐着时间的脚步，款款而来。气与色在大气中氤氲着，天地之貌在暗中涌动着，这一切的变化虽然无法察觉，后园的梅花却悄然绽放了。